聪明谷手工教室 编

超图解

CHAOTUJIE

学布艺

U0234038

北京理工大学出版社
BEIJING INSTITUTE OF TECHNOLOGY PRESS

图书在版编目（CIP）数据

超图解学布艺/聪明谷手工教室编.—北京：北京理工大学出版社，2014.9(2019.4重印)

ISBN 978-7-5640-9063-0

Ⅰ.①超…　Ⅱ.①聪…　Ⅲ.①布料－手工艺品－制作　Ⅳ.①TS973.5

中国版本图书馆CIP数据核字(2014)第068461号

出版发行 / 北京理工大学出版社有限责任公司

社　　　址 / 北京市海淀区中关村南大街5号

邮　　　编 / 100081

电　　　话 / (010)68914775(总编室)

　　　　　　(010)82562903(教材售后服务热线)

　　　　　　(010)68948351(其他图书服务热线)

网　　　址 / http://www.bitpress.com.cn

经　　　销 / 全国各地新华书店

印　　　刷 / 河北鸿祥信彩印刷有限公司

开　　　本 / 889毫米×1194毫米　1/16

印　　　张 / 8

字　　　数 / 204千字

版　　　次 / 2014年9月第1版　2019年4月第2次印刷

定　　　价 / 30.00元

责任编辑 / 申玉琴

文案编辑 / 申玉琴

责任校对 / 周瑞红

责任印制 / 边心超

"追求快乐，逃避痛苦"是人类行为的共性。爱因斯坦曾经说过："兴趣是最好的老师。"带着兴趣去学习，可以让人全身心投入，释放强大的潜能。

有的兴趣是与生俱来的，比如有的人天生喜欢文学、音乐、运动等。如果孩子们没有发现自己与生俱来的兴趣，可以通过后天的努力，培养某个领域的兴趣。比如通过不断接触和尝试，孩子们可能会爱上象棋或摄影，继而产生强烈的兴趣，"迷恋"其中，乐此不疲。

兴趣是一种爱好，也是一种责任。良好的兴趣对于孩子们的发展有着重大的意义。努力培养对孩子们有益的兴趣，让孩子们带着兴趣去学习，将会有助于他们收获精彩的人生。因此，我们应该努力寻找、培养对孩子们身心有益的兴趣。只有这样的兴趣，才值得我们去坚持；只有这样的兴趣，才会成为孩子们最好的老师；只有这样的兴趣，才会成为孩子们学业有成的"助推器"。根据市场及广大家长和孩子们的需求，我们组织一大批具有实践经验的老师和手工爱好者编写了"超图解"系列丛书。本套丛书分为以下分册：

1. 超图解学软陶
2. 超图解学色铅笔彩绘
3. 超图解学刺绣
4. 超图解学布艺
5. 超图解学魔术
6. 超图解学摄影
7. 超图解学轮滑
8. 超图解学科学实验
9. 超图解学科技制作
10. 超图解学围棋
11. 超图解学象棋
12. 超图解学五子棋
13. 超图解学国际象棋
14. 超图解学PPT制作

书中精致的图片、精练的文字和精彩的实例，都饱含着编者的心血。本套丛书通过详细的讲解，来激发孩子们对各种新鲜事物的兴趣。阅读本书，孩子们可以了解更多的实践知识。"冰冻三尺，非一日之寒"，知识要一点一滴地积累，培养兴趣爱好也是这个道理，不是靠一天两天就能培养出来的。

本套丛书在编写过程中，得到了有关单位领导、专家和手工爱好者的关心、支持与指导，在此向他们表示衷心的感谢。

限于编者水平，书中难免有不妥甚至疏漏之处，恳请广大读者提出宝贵意见。

编　者

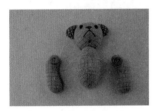

Contents

布艺基础知识

一、基本材料及工具

剪刀（剪布剪、剪纸剪、剪线剪）

手缝针（最长的那根针是用来缝制玩偶类布艺的，其他两根是用来缝合边的）

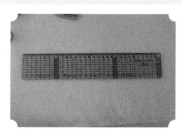

直尺

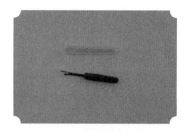

拆线器

橡皮

水溶笔、铅笔

圆规

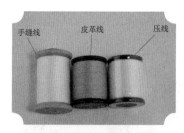

手缝线、皮革线和压线

十字绣线

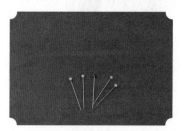

珠针

熨斗

卡纸

描图纸

棉麻布

棉布

无纺布

吊绳带

铺棉

绳带花边

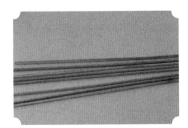

竹签

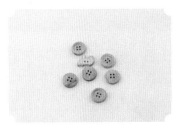

木扣

珠子（用作眼睛）

扣式珠子（用作眼睛）

填充棉

二、布料的纹理和分类

1. 布料的纹理。布料（指梭织布）的不同方向具有不同的伸缩性。在裁剪布料时，应该选择适合的纹理：

（1）直纹：是指布纹和布边平行。直纹的布料伸缩性能最低，也就是稳定性能最好。大多裁剪图上标注的双箭头指的就是直纹。

（2）横纹：是指布纹和布边垂直。横纹的布料伸缩性要比直纹稍强一些。

（3）斜纹：是指布纹和布边成45°的斜向。斜纹的布料伸缩性最大。

2. 布料的分类。手工拼布主要用的布料有棉布、棉麻布、防水布、无纺布、定位布等。

 三、基本针法

1. 始缝打结法。

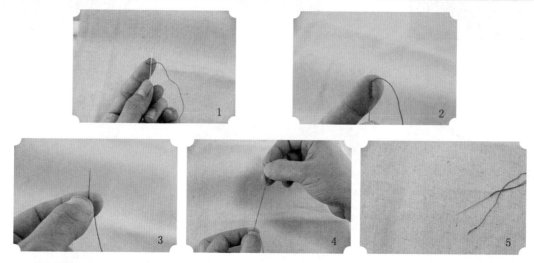

2. 收尾打结法。

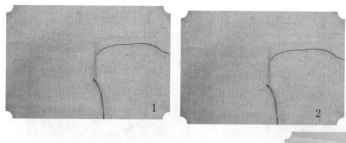

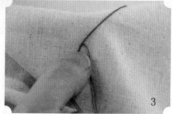

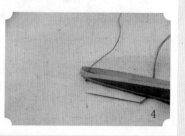

3. 平针法。

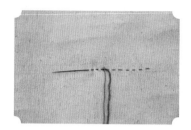

4. 全回针法。

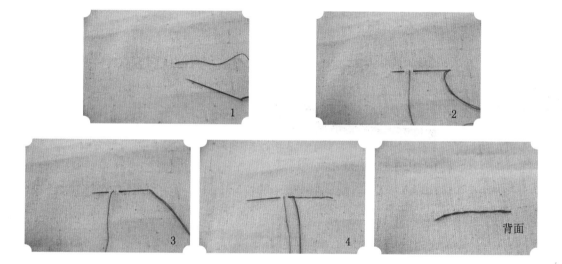

5. 半回针法。

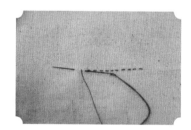

6. 点回针法。

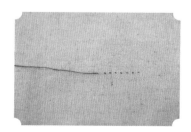

7. 缩针法。

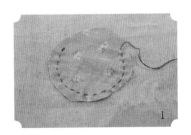

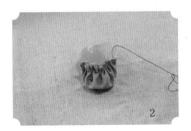

8. 藏针法。

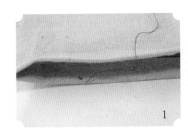

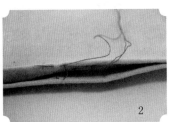

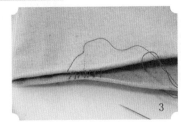

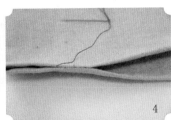

9. 贴布针法。

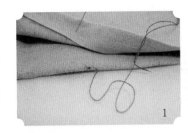

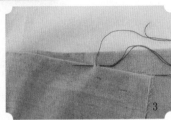

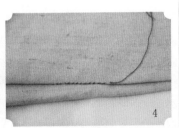

10. 卷针法。

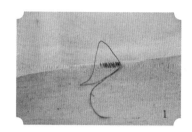

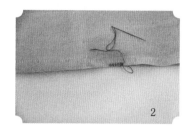

11. 锁边法。

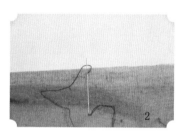

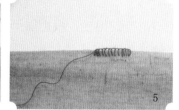

12. 疏缝法。

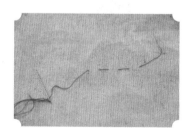

13. 轮廓绣法。

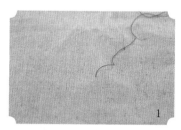

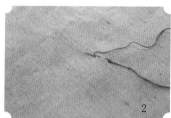

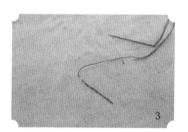

14．法国结法。

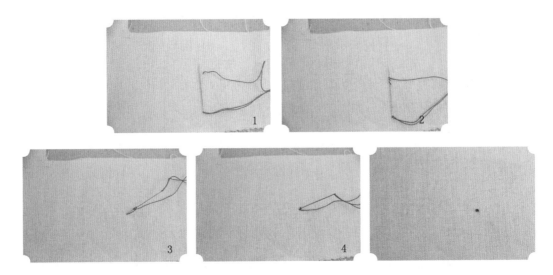

15．缎纹绣，也叫缎面绣或缎状绣。当想把刺绣作品加厚时，在图案内侧部分采用表里相互露出针脚的方法进行刺绣。

（1）点1出针。

（2）点2入针，点3出针，根据图形需要绣，注意针脚均匀。

（3）缎纹绣法完成。

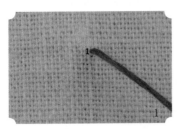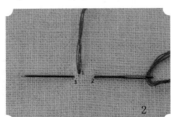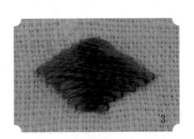

四、布艺常用术语及技巧

缝份：在制作布艺作品时，缝进去的部分叫缝份。为缝合衣片在尺寸线外侧预留的边，也称缝头或做缝。

缝份的大小：预留的缝份的尺寸要以物品的大小来定。一般来说，较小的物品留0.5 cm，较大的物品须预留1 cm以上。

缝份的倒向：分相对倒、相背倒、平分倒。如果一片拼缝的物件中的布料有薄有厚的话，那缝份要倒向较薄的一方。如果倒向不均会使整个拼缝后的布面显得不平整。

相对倒

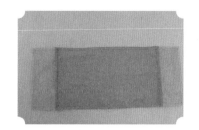
相背倒

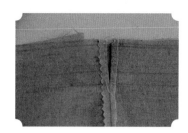
平分倒

　　标记、剪裁：图中所标志的净尺寸是指做成实物后的实际尺寸，且缝制时需要按净尺寸的边线缝制；裁剪是指沿画好的裁剪线将多余的布料剪下以方便使用。

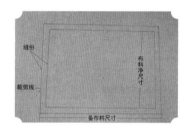

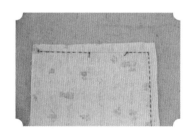

　　返口：是指将两片布正面相对缝合后，要预留一个不缝的小口子，这样才能将它从反面翻到正面。返口的大小根据实际需要来定。

　　返口的位置要预留在整个物品中较平整的部位，不要留在圆形、弧形等转折处，否则，不利于后面的返口缝合。

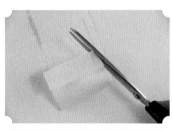

　　牙口：又称狗牙，是将两片布片缝合起来以后，在圆弧处或者尖角的地方剪出像锯齿一样的口子。牙口可使布面在被翻到正面的时候不会皱。注意，尽量剪密、剪深，但千万不能剪断缝线，而且留有返口的地方不要剪牙口。

　　剪牙口的方法是将布捏成两层后，将布剪成45°形状，以此类推。

抓角：是指将缝制好的作品底端两角分别抓起，使布袋看起来更立体、美观。

抓角可分为内抓角和外抓角。内抓角时如果有中线，则中线要对齐，这样抓出的角两端平齐；如果没有中线，则需先用直尺画出尺寸再将它沿线缝合。外抓角只把顶角缝在想要的位置，这由要抓的角的大小来定，相对内抓角要容易些。

内抓角

内抓角效果图

外抓角

折边：指将布边进行对折，可分一折、两折和多折。

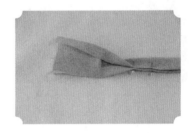

包边条：即包布边用的布条。包边条把布制品的边角包住，这样既美观又能防止线头滑丝。包边时要注意拐角处的处理方法。

制作包边条的方法：取布的45°斜裁，尺寸要根据物品的大小来定，一般的规格为宽度3.5 cm。

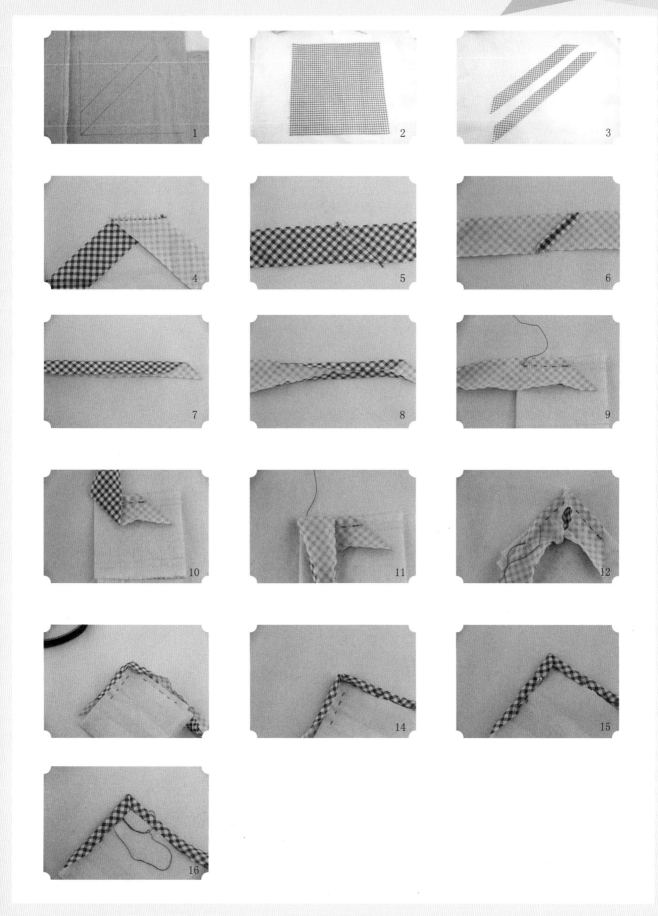

表布：用于物品表面的布。

里布：用于物品内部的布。

铺棉、带胶棉的使用方法：使用铺棉时，要用疏缝或布夹固定；带胶棉是将带胶的一面紧贴布的背面用熨斗将棉烫贴在布上（注意温度不能过高，烫的时候是按压不是推压，推压会把棉推偏）。

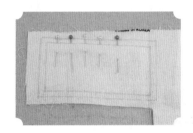

回针固定：缝制开始和结束时都要回一针以做固定。

针脚的大小：一般平缝的话，1 cm 要有四针脚。

珠针：主要是用作固定两片布片，也可用作挑角等。

线对线：是指两片布的缝份线对齐。

点对点：是指相同的点对应。

面对面、背对背：即是将两片布正面对正面、背面对背面。

面对面

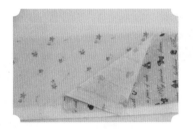

背对背

拉链的上法见下图。

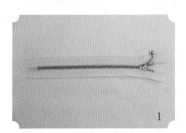

1

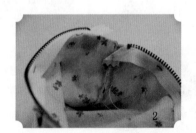

2

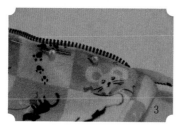 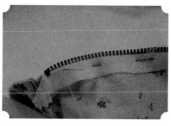 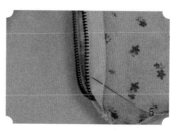

扣子（包括暗扣）的缝法：X字缝、二字缝、一字缝……，如下图所示。

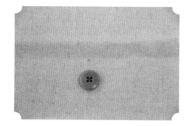

X字缝

二字缝

一字缝

暗扣（一）

暗扣（二）

缝制花边：花边有很多种样式，要根据不同的花边，采用不同的缝法。

缝制花边的方法：一是缝合完布片后上花边，这样能把花边头藏到物品内部；二是物品完成后上花边，但一定要注意做好针脚两端的处理（即隐藏好针脚），花边的两端要折进去一点，这样不会脱落。

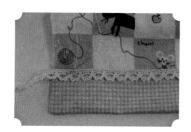

缝制花边（一）

缝制花边（二）

穿绳带：将绳带的一端系在发夹上，并从布袋预留口的一端穿入，围绕一周并从开始穿入口处将绳带拉出，第一条绳带即穿好了。第二条绳带使用相同的方法在另一预留口穿入并拉出，这样两条绳带就穿好了，也可以只穿一条绳带，根据实际需要来定。

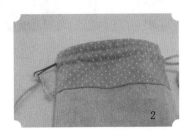

烫贴画：把布贴放在要贴的位置，有热熔胶的一面贴着衣物（胶不能撕掉），在贴画上再盖一层布，熨斗调到棉布挡（注意不能使用蒸汽），在贴画位置烫熨10～13 s（若布料较厚，需烫15～25 s），使贴画均匀受热，冷却5 min左右后，检查一下是否牢固，如不理想，可用上面的方法再次进行，完成后把贴画膜取下即可。

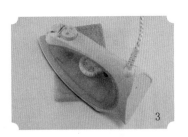

使用布料前要进行缩水，即把布料完全浸水晾晒、熨烫。

多彩太阳花

　　六种颜色的棉布片、六枚木扣（直径约1.2cm）、六根长竹扦（长约25cm）。

制作步骤

1. 将六种颜色的布片各剪出四片，每片尺寸为4 cm×4 cm，留1 cm缝份。

2. 将布片对角折成三角形。

3. 将两边缝合，留返口，将角剪圆。

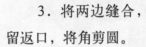

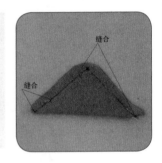

4. 从返口处翻到正面，将返口缝合。其他布片均用上述方法缝制。

5. 将三角形最长一条边用缩缝针法缝制。

6. 将线拉紧，使布片呈花瓣状。

7. 用相同的方法将第二片花瓣缩紧。

8. 重复上述步骤，再做三个花瓣，最后用几针回针固定，以防松弛。

9. 将木扣固定在花瓣中间做花蕊。

10. 用其他五种颜色的布做出五朵太阳花。

11. 将竹扦嵌入太阳花的一个花瓣中。

12. 至此，太阳花制作完成。

森林里的小精灵——蘑菇

制作材料

三种花色的棉布（选布时应选与蘑菇颜色条纹相近的）、填充棉适量。

制作步骤

1．用圆规在布的背面画一个直径为7 cm的圆。

2．在布的背面画出1.5 cm×3.5 cm的两个长方形。

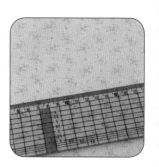

3．在布的背面画出22 cm×3 cm的长方形。

4．沿缝份线外1 cm处按轮廓将各布片剪下。

5．将22 cm×3 cm的长方形布片与圆布片面对面、线对线用珠针固定，并缝合一周后呈筒状，侧面的连接处也要缝合。

6．将底部圆边剪成牙口。

7．将筒状的上部沿缝份线用缩缝针法缝一周。

8. 翻到正面，填入填充棉。

9. 填入填充棉后，抽线使口缩紧并固定，作为蘑菇的顶部。

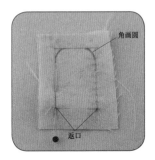

10. 将两片1.5 cm×3.5 cm的布片面对面、线对线用珠针固定并缝合，一端缝成圆角状，另一端留做返口。

11. 将圆角的位置剪成牙口。

12. 由返口处翻至正面，填入填充棉，作为蘑菇的柄。

13. 将蘑菇的顶部缩口嵌入柄的返口内，并用珠针固定。

14. 将柄的返口沿缝份线内折，用贴布针法将根部与顶部缝合，小蘑菇制作完成。

舒适的鼠标腕垫

制作材料

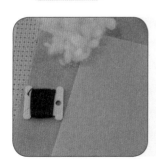

　　两种花色棉布、一块蓝色棉布、一张A4描图纸、十字绣线、填充棉适量。

制作步骤

1. 在描图纸上，描出鼠标腕垫纸型的轮廓（猫头、身体）。

2. 沿轮廓线将纸型剪下。

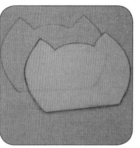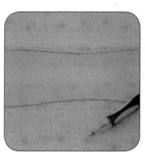

3. 将纸型放置在布的背面，用铅笔或水溶笔画出轮廓。

4. 沿缝份线外1 cm的位置按轮廓将画好的布片剪下。

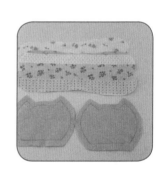

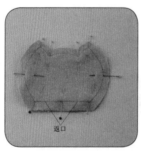

返口

返口

5. 将猫头的两片布面对面、线对线，用珠针固定并缝合，在底部直线部位留返口。

6. 将边剪成牙口，返口处不剪。

7. 由返口处翻到正面，填入填充棉。

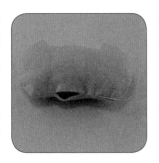

8. 用藏针法将返口处缝合。

9. 画出眼睛、鼻子及嘴巴。

 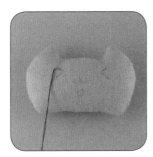

10. 用轮廓绣针法绣，由两顶边相接处用绣线起针，将线头藏入布片内。

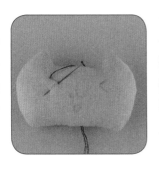

11. 每只眼睛只需缝两针。

12. 缝完一只眼睛后，线不要剪断，由布片内穿出，用轮廓绣针法缝制鼻子。

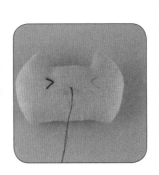

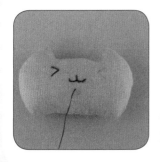

13. 用相同的方法缝制嘴巴。

14. 用缝制第一只眼睛的方法缝出另一只眼睛。

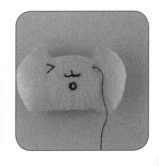

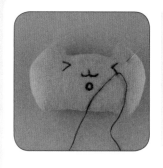

15．结束时，在眼尾处打结，并将针穿入布片内再穿出。

16．稍将线拉紧，剪断。

17．猫的头部完成。

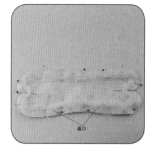

18．将身体部位的两块布片面对面、线对线，用珠针固定缝合。

19．将边剪成牙口，两端有弯度的位置需向内剪豁口，注意不要剪到线，返口处不剪。

20．由返口处翻至正面，填入填充棉。

21．用藏针法将返口处缝合。

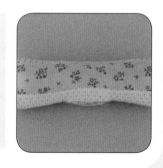

22. 将猫的头部与身体用贴布针法缝合。

23. 至此，舒适的猫咪鼠标腕垫制作完成。

鼠标腕垫纸型

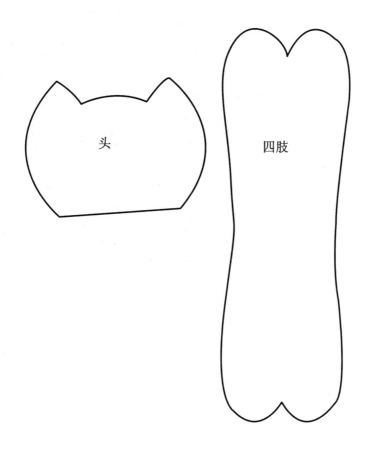

头

四肢

聪明伶俐的小海豚

制作材料

一块蓝色棉布、填充棉适量、两颗小珠子、一根细吊绳、十字绣线、一张A4描图纸。

1. 将描图纸覆盖在海豚的纸型表面，描出轮廓线。

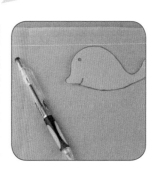

2. 将海豚沿着轮廓线剪下，并放置在布的背面，画出轮廓。

3. 将纸型翻至另一面画出轮廓。

4. 沿缝份线外1 cm的位置，按轮廓将布剪下。

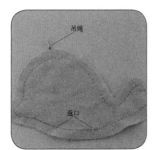

吊绳

返口

返口

5. 将两块布片面对面、线对线，用珠针固定并缝合，留返口，将吊绳打结缝在海豚头部。

返口

6. 将边剪成牙口，返口处不剪。

7. 由返口处翻至正面，填入填充棉，并用藏针法将返口缝合。

8. 将眼睛缝合固定。

9. 在海豚头部画出嘴的形状，用绣线并使用轮廓绣法绣出。

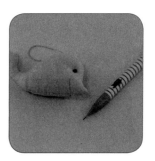

10. 从底部入针，将线头藏于布片内。

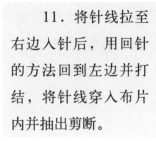

11. 将针线拉至右边入针后，用回针的方法回到左边并打结，将针线穿入布片内并抽出剪断。

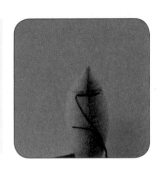

12. 至此，聪明伶俐的小海豚制作完成。

海豚纸型

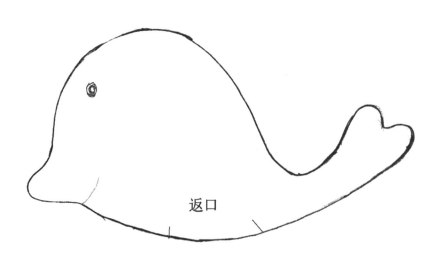

返口

能带来好运的四叶草

制作材料

两种颜色的棉布、四枚珠针、一个小花盆（直径5cm）、一块泡沫、一张4cm×4cm的描图纸。

1. 用描图纸覆盖在桃形纸型上，描出轮廓线。

2. 沿轮廓线将桃形纸型剪下。

3. 在布的背面画出桃形纸型的轮廓，两种颜色的布各画八片。

4. 沿缝份线外0.5 cm的位置，按轮廓将画好的布片剪下。

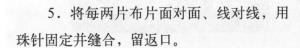

5. 将每两片布片面对面、线对线，用珠针固定并缝合，留返口。

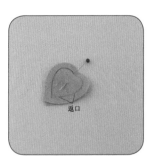

6. 将边剪成牙口，返口处不剪。

7. 将缝制好的布片由返口处翻至正面，并用藏针法将返口缝合。

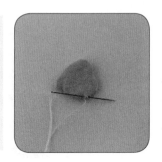

8．其他布片均按上述方法缝制，作为叶片。

9．每个叶片完成后，如图摆放好。

10．将其中两片叶片用藏针法缝合1 cm。

11．用同样的方法将同种颜色的四片叶片缝合。

12．将珠针从叶片中心位置穿入。

13．用棉布将泡沫包住，放入小花盆中。

14. 将能带来好运的四叶草插入盆中即可。

四叶草纸型

四叶草

温馨提示牌

制作材料

四种颜色的棉布片、一根长40 cm的绳带、三根长15 cm的绳带、十字绣线、填充棉适量。

1．将描图纸覆盖在提示牌纸型上，描出轮廓线。

2．沿轮廓线剪下纸型。

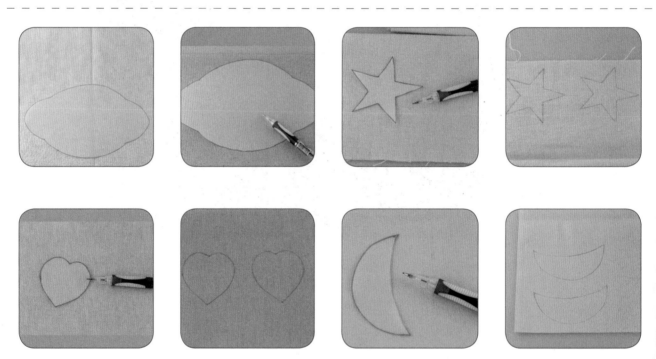

3．将纸型放在布的背面画出轮廓，每种颜色画两片。棉布不分正反面，故画纸型时，也不需分正反面。

4. 沿缝份线外1 cm的位置，按轮廓将画好的布片剪下。

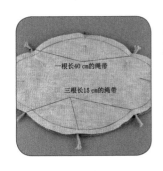

5. 将两片云朵状的布片面对面、线对线，用珠针固定并缝合（需要把四条绳带如图放置），露出约1 cm长的绳头，连同两片布片一起缝合固定。

一根长40 cm的绳带

三根长15 cm的绳带

6. 将边剪成牙口，返口处不剪。

7. 由返口处翻至正面，填入填充棉。

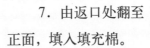

返口

8. 将两片心形的布片面对面、线对线，用珠针固定、缝合，留返口。

9. 将边剪成牙口，返口处不剪。

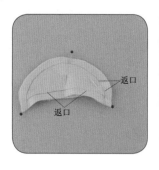

10．将两片月亮形的布片面对面、线对线，用珠针固定、缝合，留返口。

11．将边剪成牙口，返口处不剪。

12．将两片星星形的布片面对面、线对线，用珠针固定、缝合，留返口。

13．将边剪成牙口，返口处不剪。

14．将缝好的布片，由返口处翻至正面，填入填充棉。

15．填入填充棉后，将云朵状布片的返口用藏针法缝合，心形及星星形不缝，月亮形的返口只缝有弯度处的口，顶端的不缝合。

16．将3条绳带的一端由返口处藏入各个对应的布片内，并将返口及绳带一起缝合。

17．在云朵状布片上写上自己喜欢的文字。

18. 先将线头藏入布片中，然后用轮廓绣法绣出喜欢的文字。

19. 绣完后打结，并将线头藏入布片中。温馨提示牌即制作完成。

四叶草纸型

超简单的布艺挂袋

制作材料

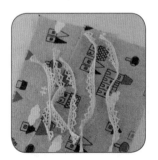

三种颜色的棉布、两条长22 cm的花边、三条长5 cm的花边。

1. 在布的背面分别画出两片尺寸为25 cm×20 cm、7 cm×20 cm 的长方形布片，留1 cm的缝份，并剪下。

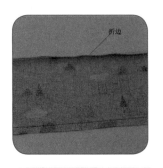

2. 将两片7 cm×20 cm的布片分别在较长的一边，沿缝份线向内折并将边固定、缝合。

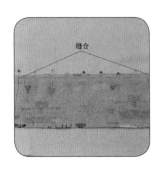

3. 将其中一片7 cm×20 cm的布片与其中一片25 cm×20 cm的布片按图面对面放置，且没折边的一端向上，并将边缝合。

4. 将布片翻至正面。

5. 用另一片7 cm×20 cm的布片正面向上放置在25 cm×20 cm的布片下方，两片布的底边缝份线对齐，用珠针固定，并用疏缝针法缝合。

6. 两片7 cm×20 cm的布片缝合完成后，在中间的位置使用平针法将它们分别与25 cm×20 cm的布片缝合、固定，这样，每片布就被隔成了两个布兜。

7. 将22 cm长的两条花边各自缝合在布袋口处。

8. 将三条5 cm的花边对折后，用珠针固定在挂袋的上端，且珠针固定处与25 cm×20 cm的布片的缝份线平齐。

9. 将另一片25 cm×20 cm的布片与缝合完成的布片面对面、线对线，用珠针固定后将四边缝合，并在挂袋的下端留5 cm的返口。

10. 四边缝合后，将角剪圆。

11. 由返口处翻至正面，将返口用藏针法缝合。

12. 至此，超简单的布艺挂袋制作完成。

漂亮的无纺布挂饰

制作材料

各色无纺布（每片约10 cm×10 cm）、各色绣线适量、六根长10 cm的吊绳带、一张A4描图纸。

1. 将描图纸覆盖在不织布挂饰纸型上，描出轮廓线，并沿线剪下。

2. 将纸型放置在无纺布上，用水溶笔将轮廓描出。

3. 将纸型翻至另一面再画出轮廓。

4. 根据纸型中嘴部的大小，在黄色的无纺布上画出两片熊的嘴部。

5. 其他的纸型均使用上述方法制作，并沿轮廓线剪下，且不用留缝份。

6. 将纸型相同的布片两两相对地放置。

7. 将吊绳如图打结。

8. 用卷针法将边缝合，并将吊绳带打结的一端，放入两片无纺布之间。

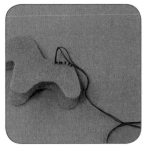

9. 剪一片长2.5 cm、宽1 cm的椭圆布片作为小马鞍。

10. 将小马鞍放置在小马的背部，并用珠针固定。

11. 用贴布针法将小马鞍与身体缝合。

12. 小熊边的缝法与小马边的缝法相同。吊绳放在小熊的头顶部位，然后将嘴部布片按纸型的位置放置，并用贴布针法将其与头部缝合。

13. 缝制小熊的鼻孔时，要在黄色布片的内部起针，并将线头藏入布片中。

14. 两只鼻孔缝制完成后不用将线剪断，将针线穿入布片里面，按纸型找到眼睛的位置，然后用法国结绣法绣制两只眼睛。两只眼睛绣完后，在眼睛的位置打结，将针线在打结的位置穿入布片内，并将线头拉出、剪断。

15. 衣服吊饰边的缝合方法使用X形缝制法，先斜45°缝合一周后，再按相反方向斜45°缝合一周，就形成了X形。吊绳放在领口中间位置。

 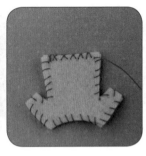 

16. 其他几款均用卷针法缝制。漂亮的无纺布挂饰即制作完成。

无纺布挂饰纸型

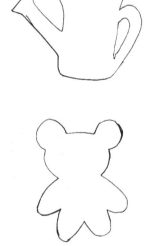

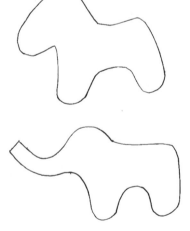

有美容功效的草莓

制作材料

一片红色棉布、一片绿色无纺布、
细线、十字绣线、一张A4描图纸、填充
棉适量。

1. 将描图纸覆盖在草莓纸型上，并描出轮廓线。

2. 沿轮廓线将纸型剪下。

3. 将纸型放在布的背面画出轮廓线，再将纸型翻至另一面并画出另一片。

4. 沿缝份线外1cm处，按轮廓剪下。

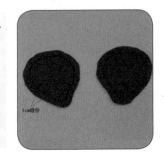

5. 将两片布片面对面、线对线，用珠针固定、缝合，在顶部留返口。

6. 将边剪成牙口，返口处不剪。

7. 由返口处翻至正面，将填充棉填入。

8. 将返口处沿缝份线内折，并用缩缝针法将口缩紧。

9. 在草莓表面用4股细线、2股绣线缝些粒状针脚。

10. 将草莓蒂的纸型放在无纺布上，画出轮廓线。

11. 沿轮廓线将草莓蒂剪下。

12. 将草莓蒂用珠针固定在草莓顶部，然后用贴布针法将草莓蒂固定，蒂尖不用缝。

13. 至此，有美容功效的草莓制作完成。

草莓纸型

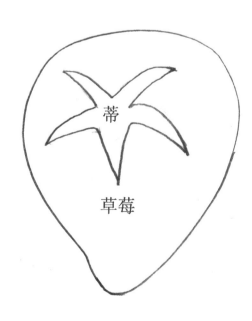

蒂

草莓

酸酸甜甜的青苹果

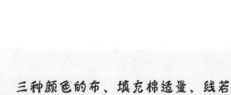

制作材料

三种颜色的布、填充棉适量、线若干、一张A4描图纸。

1. 将描图纸覆盖在果体及叶片的纸型上，描出轮廓线。

2. 沿轮廓线将纸型剪下。

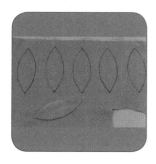 

3. 将果体纸型放在布的背面，画出五片（每片之间留2 cm的距离），叶片画出两片。

4. 将苹果蒂的纸型放在布的背面，画出轮廓线，翻至另一面，画出另一片。

5. 沿缝份线外1 cm的位置，按轮廓将画好的所有布片剪下。

 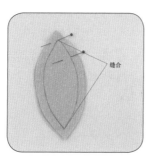

6. 将其中的两片面对面、线对线，用珠针固定，然后沿一侧缝合半边。

7．其他布片按上述方法逐一拼接，最后一片缝合时，要留返口。

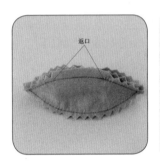

8．将边剪成牙口，返口处不剪。

9．由返口处翻至正面，填入填充棉。

10．用藏针法将返口缝合。

11．将两片叶片布面对面、线对线，用珠针固定、缝合，留返口。

12．将边剪成牙口，返口处不剪。

13．由返口处翻至正面，用藏针法将返口缝合。

返口

14. 将苹果蒂的两片布片面对面、线对线，用珠针固定、缝合，留返口。

15. 将边剪成牙口，返口处不剪。

16. 由返口处翻至正面，填入少量填充棉。

17. 将苹果蒂如图放在苹果的顶端，将缝份沿线内折并缝合，再将叶片缝合于苹果蒂旁边。

18. 用较长的针线从苹果的一端穿入另一端，来回多缝几针将线拉紧，使两端向内凹进，并将线固定，酸酸甜甜的青苹果制作完成。

青苹果纸型

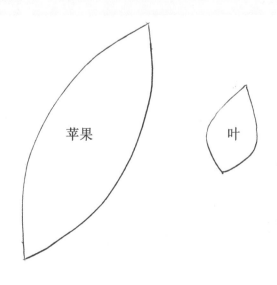

苹果

叶

清肺败火的大鸭梨

制作材料

两块不同颜色的棉布、一块无纺布、填充棉适量、一张A4描图纸。

1. 用描图纸覆盖在大鸭梨的纸型上，并描出轮廓线。

2. 沿轮廓线将纸型剪下。

3. 在无纺布上画出叶子的轮廓线，并沿轮廓线剪下。

4. 将纸型放在布的背面，画出两片。

5. 将蒂的纸型放在布的背面，画出轮廓线，翻至另一面，画出另一片。

6. 沿缝份线外1 cm处，按轮廓将画好的各布片剪下，并将相对应的两片布片面对面、线对线，用珠针固定、缝合，留返口。

7. 将圆边剪成牙口，返口处不剪。

8. 由返口处翻至正面，填入填充棉。

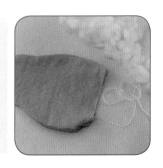

9. 将返口处用缩缝针法抽紧、固定。

10. 将蒂的两片布片面对面、线对线，用珠针固定并缝合，留返口。

11. 将边剪成牙口，返口处不剪。

12. 由返口处翻至正面，填入少量填充棉。

13. 蒂与叶的固定方法与苹果制作步骤相同，至此，清肺败火的大鸭梨制作完成。

鸭梨的纸型

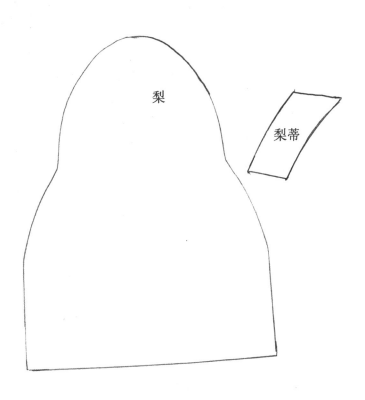

诱人的茄子

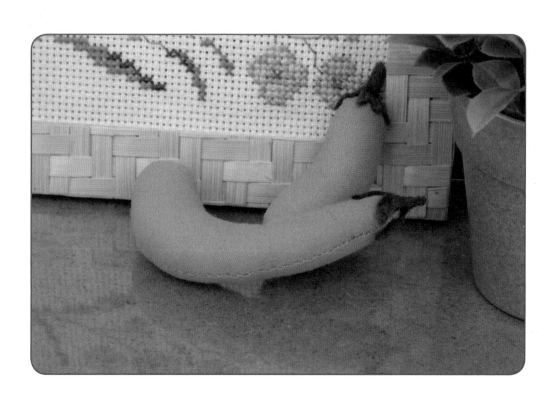

制作材料

一块棉布、一块无纺布、绿色绣线、填充棉适量、一张A4描图纸。

1. 将描图纸覆盖在茄子的纸型上，描出轮廓线。

2. 沿轮廓线剪下茄子身和蒂的纸型。

3. 将茄子身的纸型放在布的背面，画出轮廓。

4. 将茄子身的纸型翻至另一面，画出轮廓。

5. 沿缝份线外1 cm处，将画好的布片按轮廓剪下，并将两片布片面对面、线对线，用珠针固定、缝合，留返口。

6. 将边剪成牙口，返口处不剪。

7. 由返口处翻至正面，填入填充棉。

8. 用藏针法将返口缝合。

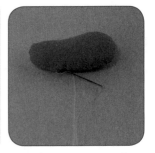

9. 将蒂的纸型放在不织布上，画出轮廓线并沿线剪下。

缝合

10. 用绿色绣线将两片蒂缝合，蒂尖处不缝。

11. 将蒂如图放在茄子顶部，用绿色绣线固定即可，尖处不缝合。

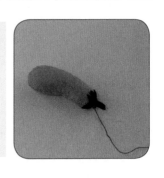

茄子纸型

茄子蒂

茄子

营养丰富的南瓜

制作材料

两种颜色的布、填充棉适量、一张
A4描图纸。

1．将描图纸覆盖在南瓜蒂的纸型上，画出轮廓线。

2．沿轮廓线剪下。

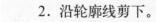

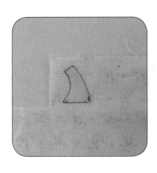

3．将纸型放在布的背面画出轮廓线，再将纸型翻至另一面，画出另一片。

4．用圆规在布的背面画出直径为7 cm的圆。

5．沿缝份线外1 cm处，按轮廓将画好的布片剪下。

6．将两片南瓜的布片面对面、线对线，用珠针固定并缝合，留返口。

7．将边剪成牙口，返口处不剪。

8．将缝合好的布片翻至正面，填入填充棉，并用针线从中间位置穿透。

9．如图所示，用针线将圆体勒出瓣状，注意出入针始终在中间位置。

返口

10．将两片蒂部的布片面对面、线对线缝合，底部留返口。

11．将边剪成牙口，返口处不剪。

12．将布片翻至正面，填入填充棉。

13．将蒂放在南瓜的中心位置，沿缝份线将边向内折，再用藏针法缝合并固定，营养丰富的南瓜即制作完成。

南瓜蒂纸型

南瓜蒂

有助于消化的香蕉

制作材料

两种颜色的布、填充棉适量、一张
A4描图纸。

1. 将描图纸覆盖在香蕉的纸型上，画出轮廓线。

2. 沿轮廓线剪下香蕉和香蕉蒂的纸型。

3. 将蒂的纸型放在布的背面，画出另一片。

4. 将香蕉的纸型放在布的背面，画出轮廓，翻至另一面。

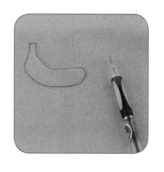 

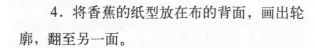

5. 沿缝份线外1 cm的位置，按轮廓将画好的布片剪下。

返口

6. 将两片方向相反的布片，面对面、线对线，用珠针固定、缝合并留返口。其他布片均用此方法制作。

7. 将缝好的布片边剪成牙口，返口处不剪。

8. 将布片由返口处翻至正面，填入填充棉。

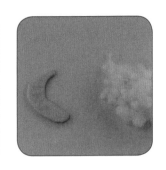

9. 用藏针法将返口缝合。

10. 将蒂的两片布面对面、线对线，用珠针固定、缝合并留返口。

11. 将边剪成牙口，返口处不剪。

12. 由返口处翻至正面，填入填充棉。

13. 用藏针法将返口缝合。

14. 制作六个香蕉，并将每三个排成一排，与蒂缝合。

15. 至此，有助于消化的香蕉制作完成。

香蕉纸型

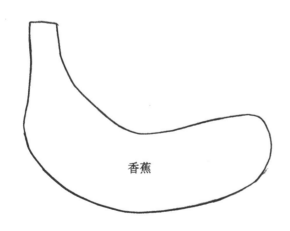

香蕉

香蕉蒂

火辣辣的小辣椒

制作材料

一块棉布、一块无纺布、绿色绣线、填充棉适量、一张A4描图纸。

1. 将描图纸放在辣椒的纸型图上方，描出轮廓线。

2. 将纸型沿轮廓线剪下。

3. 将纸型放在布的背面，用铅笔或水溶笔画出轮廓线。

4. 将纸型翻至另一面，画出另一片。

5. 将蒂的纸型放在无纺布上，画出轮廓，共画两片。

6. 沿缝份线外1 cm的位置，按轮廓将画好的布片剪下。

7. 将两片方向相反的布片面对面、线对线用珠针固定并缝合，留返口。

8. 将边剪成牙口，返口处不剪。

9. 由返口处将布片翻至正面，填入填充棉。

10. 用藏针法将返口缝合。

11. 将两片无纺布的蒂对齐放置，并将边缝合，蒂尖处不缝。

12. 将缝好的蒂放在辣椒的顶部缝合并固定，蒂尖处不缝。

13. 至此，火辣辣的小辣椒制作完成。

辣椒纸型

辣椒　蒂

芭比娃娃的公主小床

制作材料

 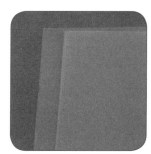

三种花色的棉布、填充棉适量、一张A4描图纸。

1. 用描图纸将床头纸型轮廓描出，并沿轮廓线剪下。

2. 将纸型放在布的背面，并画出轮廓线，共画四片。

3. 在另一片布的背面分别画出尺寸为20 cm×10 cm、20 cm×2 cm、10 cm×2 cm 的轮廓线各两片，并剪下。

4. 沿缝份线外1 cm 的位置，按轮廓将各布片剪下。

5. 将四片布片中每两片面对面放置，用珠针将两片布片沿缝份线固定缝合，在底部较直的边留返口。

6. 缝合完成后，将边剪成牙口，返口处不剪。

7. 将缝合完成的两布片从返口处翻到正面，填入适量的填充棉，将边角整理好，较细小的地方可用珠针将角挑出。

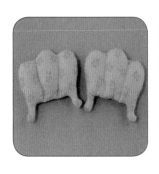

8．用平针法缝合出贝壳状的造型。

9．将五片床垫部分的布片，如图摆放好。

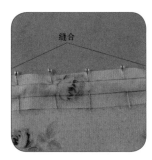

10．先将其中的两片面对面、线对线放置，并用珠针将两片沿缝份线固定，并缝合。

11．其他三片均用上述方法缝合。

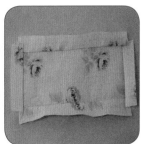

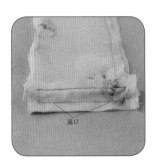

12．缝最后一片布时，要在其中的一条边上留出长4 cm的返口。

13．将四条短边缝合。

14．将八个角剪成圆形。

15．从返口处翻至正面，用珠针将角调整好，并填入适量填充棉。

16．将返口用藏针法缝合。

17．用平针缝合法将床垫缝合出条状。

18．珠针将两个床头固定在床垫两端。

19．用贴布针法将床头与床垫缝合。

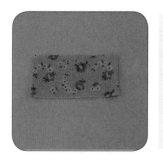

20．剪一片8 cm×5 cm的粉花色布片。

21．将较短一端向内折0.5 cm，并用平针法缝合。

22. 将布片面对面对折，并将两条边缝合，使其呈筒状。

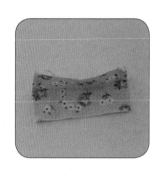

23. 将布片翻至正面，一端用缩缝针法缩缝并抽紧固定，从另一端填入少量的填充棉。

24. 将另一端用缩缝针法缝合，糖果枕头完成。

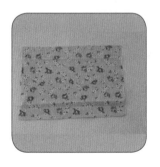 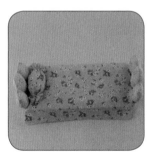

25. 剪一片19 cm×16 cm的粉色花布片作床单，芭比娃娃的公主小床即制作完成。

公主小床纸型

床头

芭比娃娃的沙发

制作材料

四种不同花色的棉布、一张卡纸、一张A4描图纸、填充棉适量。

1. 在卡纸上画出一片11 cm×4.5 cm双人沙发的坐垫底部衬板、六片5.8 cm×1.8 cm沙发扶手底部衬板、两片5.5 cm×4.5 cm单人沙发坐垫底部衬板、一片8.5 cm×4.5 cm茶几桌面衬板。

2. 将描图纸覆盖在沙发纸型上,画出轮廓线。

 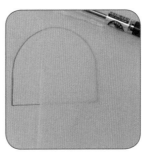 

3. 沿轮廓线将纸型剪下。

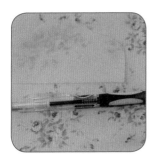

4. 将沙发靠背的纸型放在布的背面,并沿纸型边画出轮廓线。

5. 将沙发靠背的纸型翻到另一面,再画出一片。

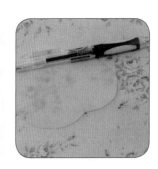

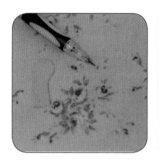

6. 将扶手的纸型放在布的背面并画出轮廓，共画六片。

7. 将扶手的纸型翻向另一面，再画出六片。

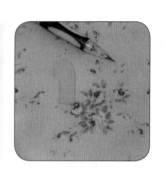

8. 将单人沙发的靠背纸型，按照双人沙发的操作方法画出两片。

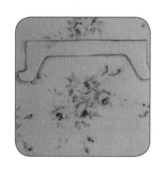

9. 茶几腿部的画法与沙发靠背的画法相同。

10. 在布的背面相继画出布片，尺寸分别为：11.5 cm×5 cm（两片）、11.5 cm×2 cm（两片）、5 cm×2 cm（六片）、11.5 cm×1 cm（一片）、20 cm×1 cm（一片）、6 cm×10 cm（六片）、6 cm×5 cm（四片）、5 cm×1.5 cm（六片）、6 cm×1 cm（两片）、15 cm×1 cm（两片）、6 cm×2 cm（四片），沿缝份线外1cm的位置，按轮廓将画好的布片剪下。

11. 将3 cm×3 cm抱枕的布片剪出，共八片，并沿缝份线外1 cm处剪下。

12. 将其中两片靠背的布片面对面、线对线，各点相对应用珠针固定，并从A点至B点缝合。

 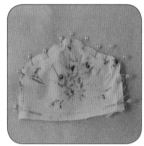 

13. 将另外一片靠背的布片，按上述的操作方法缝制，即由C点至D点缝合。

14. 将靠背底部11.5 cm×1 cm的长方形布片与缝合完成的靠背面片点对点缝合，留返口。

15. 从返口处翻至正面，填入填充棉。

16. 将返口缝合。

17. 将两片11.5 cm×5 cm、两片11.5 cm×2 cm、两片5 cm×2 cm 的布片如图摆放好。

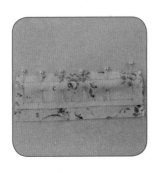

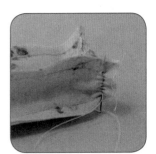

18. 沙发坐垫部位的缝合方法参照芭比娃娃公主小床的缝制方法。

19. 返口留在较短边的一端。

20. 从返口处翻至正面，填入填充棉。

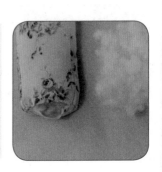

21. 将11 cm×4.5 cm 的卡纸从返口处嵌入布片内。

22. 将返口处用藏针法缝合。

23. 将沙发扶手其中的三片（6 cm×10 cm一片，方向相反的扶手的布片两片）面对面、线对线、点对点缝合。

24. 底部的布片（6 cm×1.5 cm）缝合方法与靠背底部的缝合方法相同。

25. 从返口处翻至正面，填入填充棉，并嵌入尺寸为5.8 cm×1.8 cm 的卡纸。

26. 用藏针法将返口缝合。

27．另一边的扶手用相同的方法缝制。

28．用卷针法或藏针法将靠背、坐垫两部位的外侧边缝合。

29．将扶手用珠针固定，边与边对齐。

30．将前面的坐垫边与扶手缝合。

31．将底部的边缝合。

32．将扶手后部里侧的边与靠背及坐垫缝合。

33．另一边的扶手按上述操作方法缝制。

34．两个单人沙发的制作方法与双人沙发相同。

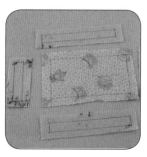

35．茶几桌面的制作方法与床垫的制作方法相同。

36．缝合完成后，先嵌入8.5 cm×4.5 cm卡纸，再填入填充棉。

37．将茶几腿部的布片两两相对，面对面、线对线缝合，在底部较直边留返口。

38．将有弯度的地方剪成牙口，返口处不剪。

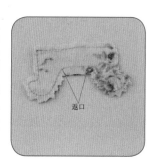

39．从返口处翻到正面，填入填充棉，将返口用藏针法缝合。

40．用珠针将茶几面板及腿部如图固定。

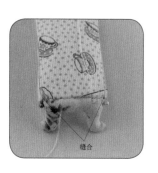

41．将侧边缝合。

42．将里侧缝合。

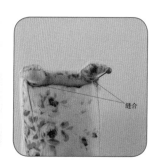

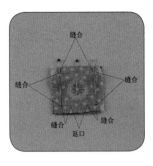

43．将抱枕的布片每两片面对面、线对线用珠针固定并缝合，留返口。

44．将边角剪成圆形。

45．从返口处翻至正面，填入填充棉。

46．用藏针法将返口缝合，抱枕制作完成。

47．将做好的各部件如图摆放好，芭比娃娃的沙发即制作完成。

沙发纸型

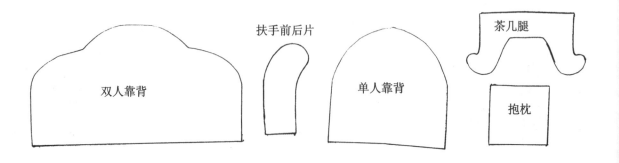

扶手前后片

茶几腿

双人靠背

单人靠背

抱枕

性格温和的长颈鹿

制作材料

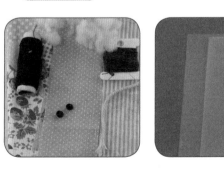

三种颜色的布片、两颗直径约4 mm的黑色眼睛专用珠子、咖啡色绣线、黑色手缝线、5 cm长的白色绳带、填充棉适量、一张A4描图纸。

1．将描图纸覆盖在长颈鹿的纸型上，描出轮廓线。

2．沿轮廓线将长颈鹿各部位剪下，做好标记。

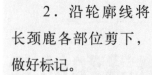

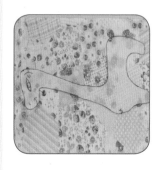

3．将纸型放在布的背面，用铅笔或水溶笔描出轮廓。

4．将纸型翻至另一面，描出轮廓。

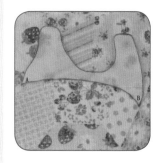

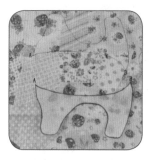

5．按上述方法制作长颈鹿的腿部纸型。

6．将头盖的纸型放在布的背面，并描出轮廓。

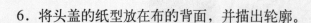

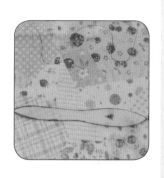

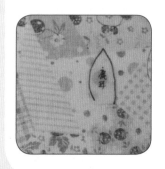

7．将耳部的纸型放在花色布片上，描出轮廓线，并标明序号。

8. 用耳部的纸型在另一片布片上描出内耳轮廓线，并标明与步骤7顺序相同的序号。

9. 在另一片布的背面用长颈鹿角的纸型画出轮廓线，共四片。

10. 沿缝份线外1 cm处，按照轮廓将画出的各部位布片剪下。

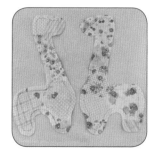

11. 将相对应的长颈鹿的身体及腿部布片面对面、点对点放置，并从A点经腿部至B点缝合，腿部上方的弧形处不缝。

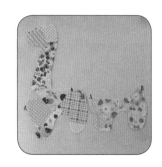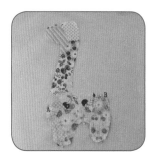

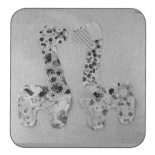

12. 另外两片也用相同的方法缝合，再将缝合完成的两片中的腿部面对面、A点对A点、B点对B点缝合（弧形的部分），中间留返口。

13. 将长颈鹿的头部及头盖布片各点做上标记。

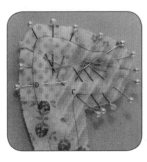  

14. 将头盖布片与头部D点对D点、C点对C点，用珠针沿缝份线固定并缝合。

15. 使用步骤14的方法缝制头盖布片的另一边与另一片头部布片。

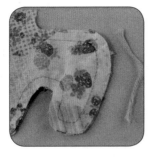  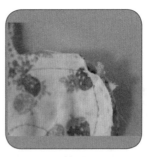

16. 将白色的绳带嵌入长颈鹿的尾部，只露1cm长的绳头即可。

17. 头部缝制完成后，如右图所示，从C点至A点缝合，从D点至B点缝合，将白色绳带与两片布一起缝合（长颈鹿的颈较长，需在颈处留出返口，以便给头部填入填充棉）。

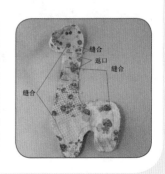

18. 将各边剪成牙口，返口处不剪。

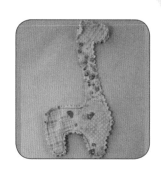

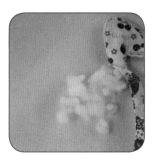

19. 将缝合好的长颈鹿身体从返口处翻到正面，先从头部填入填充棉。

20. 将颈部的返口用藏针法缝合。

21. 将其他部位从肚子下的返口处填入填充棉。

22. 将返口用藏针法缝合。

23. 绳带尾部可以打个结，以防绳带散落。

24. 将外耳及内耳四片布片面对面（序号1对2、2对1）放置，用珠针沿缝份线固定、缝合，在直边留返口。

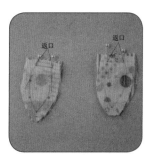

25．将边剪成牙口，返口处不剪。

26．将返口处边沿缝份线内折，用藏针法缝合。

27．将耳根部两边稍内折，用针线固定。

28．找到耳的位置，用珠针固定并缝合底边。

29．根据给出的纸型，画出眼部轮廓，并用轮廓针法绣出眼睛。

30．从布与布缝合的缝隙处入针，拉紧线头，将线头藏入布内。

31. 缝制眼睛时，线稍拉紧，这样具有凹凸感，在黑眼珠下打结，并将线头藏入布内。

32. 根据给出的纸型，画出嘴部，并用轮廓绣法绣出嘴形。

33. 将两个鹿角每两片布片面对面放置并缝合，留返口。

34. 由于布片较细小，可借助珠针将其翻到正面。

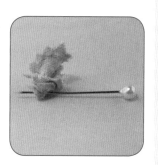

35. 从返口处填少量的填充棉。

36. 将鹿角先缝两针，固定在头顶。

37. 将鹿角立起，在底部用藏针法缝合一圈。

38. 使用与第一只鹿角相同的方法缝制另一只鹿角。

39. 至此，性格温和的长颈鹿制作完成。

长颈鹿纸型

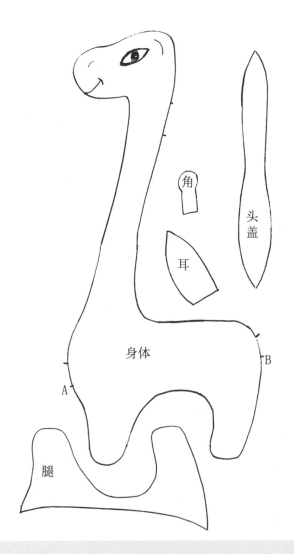

角

头盖

耳

身体

A

B

腿

慢吞吞的小蜗牛

制作材料

两片不同颜色的棉布料（红色圆点花布用作蜗牛的背部，小圆点水玉布用作蜗牛的肚子及头部）、一片4 cm×4 cm的无纺布、咖啡色绣线适量、填充棉适量、一张A4描图纸（以上材料的尺寸及用量以实物来计算）。

1. 将描图纸覆盖在蜗牛的纸型上，描出轮廓线，并沿轮廓线剪下。

2. 将纸型放在对应的布料背面用铅笔或水溶笔画出轮廓。

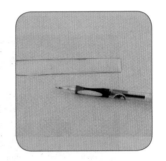

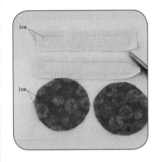

3. 按照纸型的形状沿缝份线外1 cm处剪下。

4. 在无纺布上画出两只触角并沿线剪下。

5. 将相对应的两种颜色的布片面对面、线对线放置，用铢针沿线固定并缝合，两只触角放在布片圆形一端，将布片缝合，留返口。

6. 将边剪成牙口，返口处不剪。

7. 将缝合完成的布片由返口处翻到正面，并填入填充棉。

8. 将返口处的布边沿缝份线内折，并缝合。

9. 在圆形布片缝合处，找任一点作为固定点，将蜗牛下面的长形身体中间点与圆形布片缝合边对齐，并用藏针法将直边缝在圆形布片上。

10. 在蜗牛的头部画出眼睛及嘴巴。

11. 用法国结法及绣线绣出眼睛（在布片缝合处起针，并拉动线，将线头藏入布片中）。

12. 嘴部用轮廓绣法缝制，缝完后在嘴角处打结。

13. 打完结后将针线穿入布片中，并将线稍抽紧后剪掉。

14. 至此，慢吞吞的小蜗牛制作完成。

蜗牛纸型

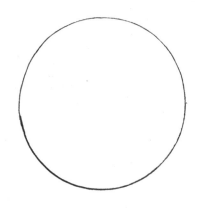

离群的小鸡

制作材料

　　三种不同颜色的布片（红色用作鸡冠，黄色用作鸡嘴及翅膀，浅色水玉布用作鸡的身体）、两颗黑色珠子（大小约2mm）、黑色的手缝线、一片黄色无纺布（做鸡爪及底部）、填充棉适量、一张A4描图纸。

1．将描图纸覆盖在小鸡各部位的纸型上，描出轮廓线，并沿轮廓线剪下。

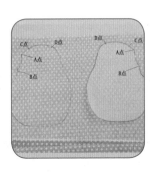

2．将小鸡的身体纸型放在布的背面，用铅笔或水溶笔画出轮廓，再将纸型翻到另一面，画出轮廓，标出各点。

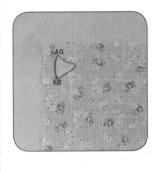

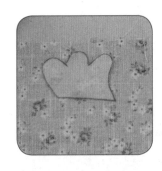

3．将小鸡的其他部位（嘴、翅膀、冠、爪）也用上述制作方法制作。

4．在无纺布上用圆规画出直径为5 cm的圆形，并沿线剪下。

5．将小鸡的各部位沿缝份线外1 cm处剪下。

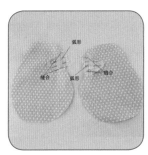

6．将嘴部的布片与身体的布片面对面、A点对A点、B点对B点放置（嘴部的弧度处对齐），并用珠针沿线固定、缝合。

7．将缝合完成的两片布片面对面、线对线对齐放置，并用珠针沿缝份线固定、缝合，在底部留返口。

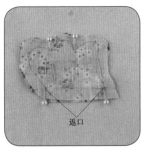

8．翅膀及鸡冠也用上述制作方法缝制。

9．将边剪成牙口，返口处不剪。

10．填入适量的填充棉。

11．将返口处用藏针法缝合。

12．将两只鸡爪缝合在圆底上，两只鸡爪相距3 cm。

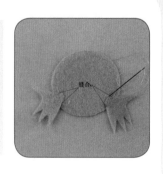

13．将圆底用珠针固定在身体的底部，并用卷针法将边缝合，缝到鸡爪部位时，用平针法缝合。

14．将头部的C点、D点与鸡冠的C点、D点相对应放置，并用藏针法从C点至D点缝合。

15．用贴布针法将翅膀缝合在身体的两侧。

16．在头部的两侧画出眼睛的位置，并缝上黑色珠子，将线头藏入布片中。

17. 至此，离群的小鸡制作完成。

小鸡纸型

讨人喜欢的小花猪

制作材料

两片花棉布、一片6 cm×6 cm单面带胶棉、一片5 cm×5 cm无纺布、两颗黑色的珠子（用作眼睛，大小约3 mm）、一张A4描图纸、黑色手缝线、填充棉适量。

1．将描图纸覆盖在猪的纸型上，描出轮廓线。

2．沿轮廓线将猪的各部位剪下。

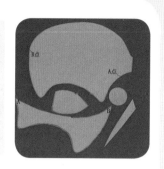

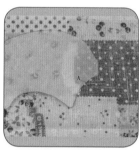

3．将猪的身体纸型放在布的背面，用铅笔或水溶笔画出轮廓线，并标好点位。

4．将纸型翻至另一面再画一次轮廓线。

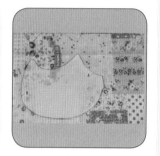

5．用上述操作方法制作猪的腿部。

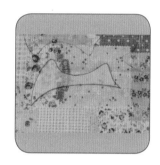

6．用上述操作方法制作猪的外耳部，并标明耳1、耳2的顺序。

7．用与外耳相同的操作方法制作猪的内耳布片，标明耳1、耳2的顺序，和外耳的顺序要对应。

8. 在单面带胶棉没有胶的那一面上，画出耳1、耳2各一片，并沿轮廓线内侧剪下。

9. 在黄色无纺布上画出直径为1.5 cm的圆，并沿轮廓线内侧剪下。

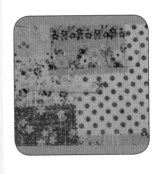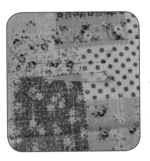

10. 用上述相同的操作方法制作猪的尾部。

11. 将在布上画好的猪的各部位，在缝份线外1 cm处按轮廓剪下。

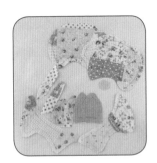

13. 另外两片重复步骤12的制作方法。

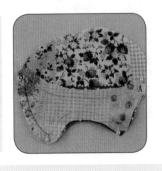

12. 将猪的身体及腿部各取一片，如图面对面、线对线、点对点放置，用铢针固定，并从A点经腿部缝至B点，上方有弧度的位置不缝合。

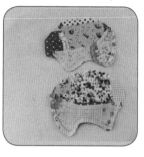  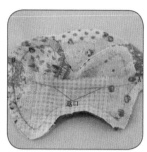

14．将两片缝制完成的腿部的布片面对面、A点对A点、B点对B点缝合，在中间留出约4 cm不缝，作为返口。

15．腿部缝合完成后，将背部的两片布面对面用珠针固定，从B点经背部至A点缝合（猪的嘴部留出不缝）。

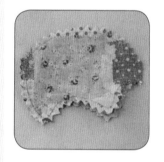 

16．将各个边剪成牙口，返口处及嘴部不剪。

17．将缝好的布片由返口处翻至正面，并填入填充棉。

18．将返口用藏针法缝合。

19．将圆形无纺布布片用珠针固定在嘴部。

20．用卷针法将无纺布与嘴部的棉布缝合一圈。

  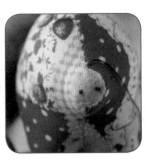

21．用黑色的线在嘴部用法国结绣法绣出鼻孔。

22．将单面带胶棉带胶的一面紧贴耳部布片的背面，顺序是1和1对应、2和2对应，并用熨斗在棉布的一面轻压（熨斗的温度调至棉布挡）。

23．将内耳布与贴了胶棉的布片面对面放置，序号是1对2、2对1。

24．用珠针将两片布片沿缝份线固定，并在直边位置留返口。

25. 缝合完成后将边剪成牙口，返口处不剪。

26. 翻到正面，将返口用藏针法缝合。

27. 耳片完成后，将两边向内稍折两个小边，形成褶皱。

28. 将两耳用珠针固定在头部的两侧，并将其直边缝合（要先缝一侧后，再将耳立起缝另一侧）。

29. 在头部画出眼睛的位置，并缝上黑色小眼珠，将线头藏入布片中。

30．将尾部的两片布面对面、线对线放置，并用珠针固定、缝合（因尾部过窄，其中的一边只缝到一半即可，这样方便翻转）。

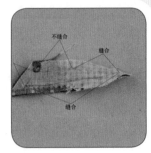

31．将缝合完成的布片翻到正面，将其中一边未缝完的一半缝合，返口处不缝。

32．将尾部如图放置，先将其缝几针固定，再将尾部如图缝合并固定（可以用缩针法将尾部缝成稍卷曲状）。

小猪纸型

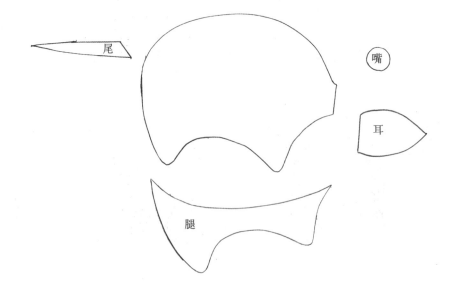

聪明的小老鼠

制作材料

　　两种颜色的棉布片、两颗黑珠子（直径约3 mm）、咖啡色绣线适量、黑色手缝线、一张A4描图纸、填充棉适量（以上材料的尺寸及用量以实物来计算）。

1．将描图纸覆盖在老鼠的纸型上，描出轮廓线。

2．沿轮廓线将老鼠的各部位剪下，并标出各点。

3．将老鼠的头部纸型放在布的背面，用铅笔或水溶笔沿轮廓画线，并标好点位。

4．将老鼠的头部纸型翻至另一面，重复步骤3的操作方法。

5．按上述操作方法制作老鼠肚子。

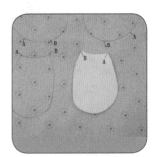

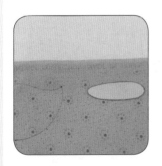 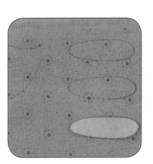

6．按上述操作方法制作上肢，共画四片（其中每两片相同）。

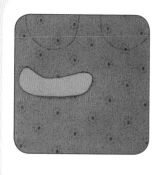 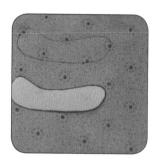  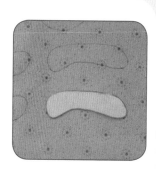

7. 下肢与上肢的制作方法相同。

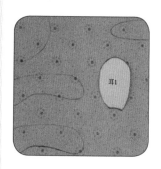 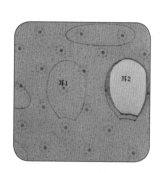  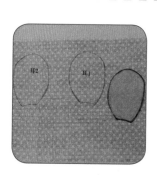

8. 耳部按上述操作方法画出两片绿色外耳和两片粉色内耳，并注明序号。

9. 尾部与上述操作方法相同。

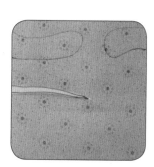 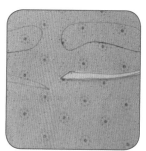

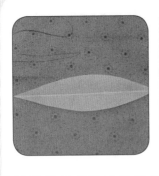

10. 头盖部分只画出一片即可。

11. 沿缝份线外1 cm处，按轮廓将老鼠的各部位剪下。

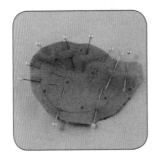

12. 将其中的一片头部布片与头盖布片各点相对应放置，并用珠针固定、缝合，用相同的方法缝合另一片头部布片（头部的缝合弧度较大，可多用几个珠针固定）。

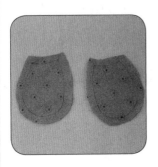

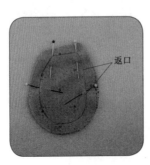

13. 将两片肚子的布片面对面、点对点放置，并用珠针固定、缝合，在背部留返口。

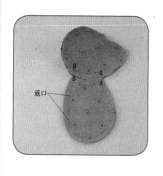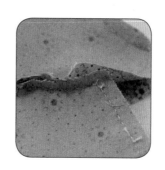

14. 将缝制完成的头部及肚子布片面对面、点对点用珠针固定，并缝合，留返口。

15. 缝合头部A点至C点的两片布片。

16. 将上肢每两片面对面、线对线用珠针固定，并缝合，留返口。

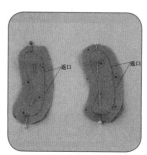

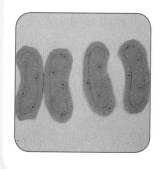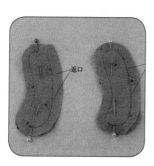

17. 按步骤16的制作方法缝合下肢。

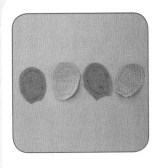 

18. 将一片外耳布片与一片内耳布片面对面、线对线，用珠针固定、缝合，在较直的一端留返口（序号为1对2、2对1），另两片用相同的方法制作。

 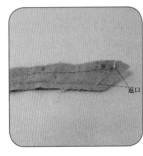 

19. 用步骤18的方法制作两片尾部的布片。

20. 将完成的各布片边均剪成牙口，返口处不剪。

21. 由返口处翻至正面，填入适量的填充棉。

22. 将返口用藏针法缝合。

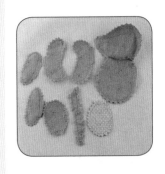   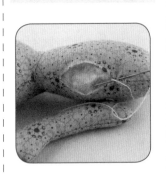

23. 将两耳固定在头部两侧，用藏针法缝合。

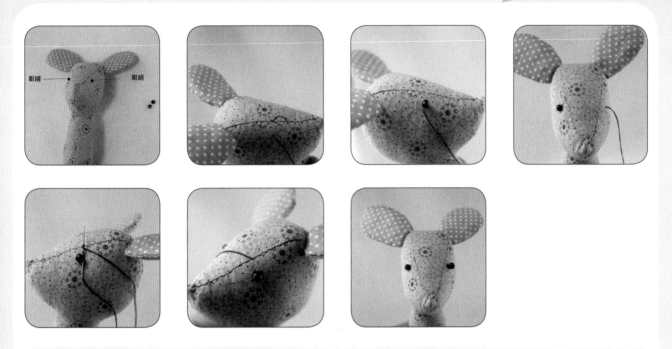

24．在头部画出眼睛的位置，将一只眼睛缝合并固定，针线不用打结，直接从眼睛处穿至另一侧缝制另一只眼睛，注意隐藏线头。

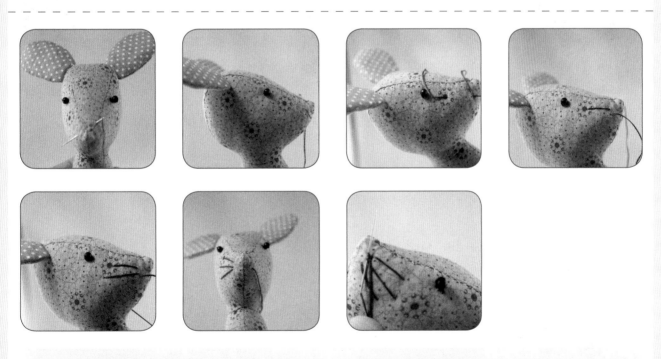

25．在嘴部两侧画出胡须线迹，用绣线缝出几条直线条，并隐藏线头。

26．上肢需靠近脖子固定，针线隐藏在肢体内侧。

27．下肢需与底部平齐，针线隐藏在肢体内侧。

28．尾部固定时，先将尾尖向上，如图放置，先缝几针固定，然后将尾尖向下，用手指压住尾上端，用藏针法将其与身体缝合。

29．至此，聪明的小老鼠制作完成。

老鼠纸型

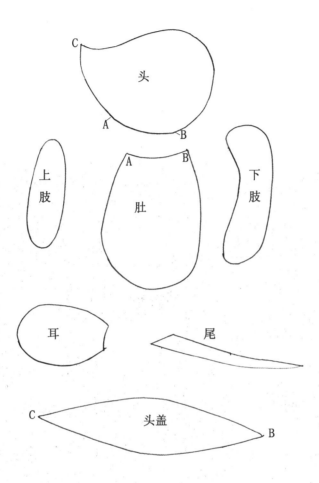

可爱的泰迪熊

制作材料

　　两种颜色的棉布、一条长20 cm的丝带、四枚直径1 cm的木扣、两颗0.6 cm的黑色圆珠、黑色手缝线、咖色十字绣线、填充棉适量、一张A4描图纸。

1．将描图纸覆盖在小熊各部位的纸型上，描出轮廓线。

2．沿轮廓线将各部位纸型剪下。

3．将头部纸型放在布的背面，用铅笔或水溶笔将轮廓画出，并将各点做标记。

4．将纸型翻至另一面，并画出轮廓。

5．将肚子的纸型放在布的背面，画出轮廓，并做标记。

6. 用上述方法画出一片头盖布片。

7. 将耳部的纸型放在布上，画出两个相同的轮廓；将纸型翻到另一面，在另一种颜色的布片背面画出两个相同的轮廓。

8. 将上肢的纸型放在布的背面，先画出两个相同的轮廓，再将纸型翻至另一面，画出两个相同的轮廓。

9. 下肢的画法与步骤8相同。

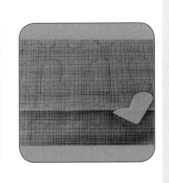

10. 沿缝份线外1 cm的位置，将画好轮廓的布片按轮廓剪下。

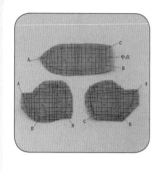 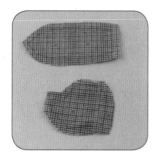  

11. 将三片头部的布片做好标记，并将其中的两片面对面、线对线、点对点用珠针固定、缝合（即A点对A点、B点对B点）。

12. 另一片的头部布片同上一步的制作方法，按标记用珠针固定、缝合（即A点对A点、C点对C点）。

13. 头盖布片缝完后，将A点至D点的两片布片缝合。

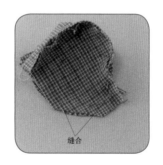 

14. 将不同的两片耳片（内耳和外耳）面对面、线对线用珠针固定、缝合，留返口。

15．将肚子的两片布片面对面、线对线用珠针固定、缝合，在背部留返口。

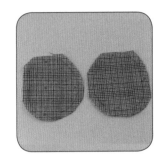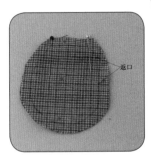

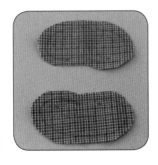

16．将上肢的四片布片中向相反的两片面对面、线对线，用珠针固定、缝合，留返口。

17．下肢的缝制方法与上肢相同，返口留在直线处。

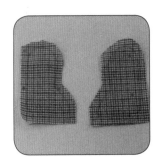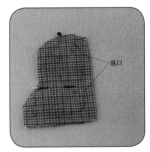

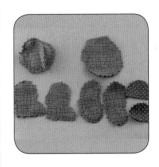

18．将缝好的各布片剪成牙口，返口处不剪。

19．由返口处翻至正面，填入填充棉。

20. 将返口用藏针法缝合。

21. 将头部与肚子连接缝合（头部前面与肚子前面的缝合点对齐，头部后面中间点与后背的缝合点对齐）。

22. 将两只耳朵用珠针固定，并用藏针法将耳根部缝合（先缝合外耳布片，再缝合内耳布片）。

23. 找到小熊眼睛的位置，将针线自一端的缝合缝隙处穿至另一端。

24. 将线拉紧，将线头藏入布片内。

25. 将黑色圆珠作为眼睛缝合、固定后将针线自此处穿至对面,并缝合、固定另一只。

26. 在眼睛下面打结,并将针线自眼睛下方穿入布片,后将线抽出,稍抽紧剪断。

27. 从小熊的脖子下方入针,用缎纹绣法绣出鼻子(出入针不超过两边的缝合边)。

28. 鼻子绣完后,沿缝合边向下缝一条长约1 cm的直线,在直线下端分别向两端缝长约2 cm的线条,结束时将针线再次穿入脖下打结剪断,小熊的嘴部缝制好(嘴型可根据自己的喜好来缝)。

 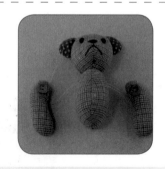 

29. 将针线自一端穿到另一端,将上肢与扣子缝合,不打结来回缝几针,将线抽紧打结并固定,打结时将针线在布片上回几针以防线头脱落。下肢也用此方法缝合。

30. 配上蝴蝶结，可爱的泰迪熊即制作完成。

泰迪熊纸型

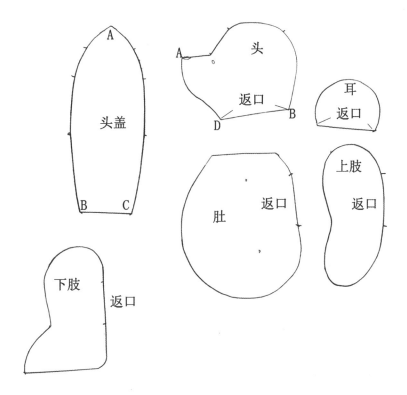